計算とじゅくご

改訂新版

取り組んだ日

第1回	月	日
第2回	月	日
第3回	月	日
第4回	月	日
第5回	月	日
第6回	月	日
第7回	月	日
第8回	月	日
第9回	月	日
第10回	月	日
第11回	月	日
第12回	月	日
第13回	月	日
第14回	月	日
第15回	月	日
第16回	月	日
第17回	月	日
第18回	月	日
第19回	月	日
第20回	月	日
第21回	月	日
第22回	月	日
第23回	月	日
第24回	月	日
第25回	月	日
第26回	月	日
第27回	月	日
第28回	月	日
第29回	月	日
第30回	月	日
第31回	月	日
第32回	月	日
第33回	月	日
第34回	月	日
第35回	月	日
第36回	月	日
第37回	月	日
第38回	月	日
第39回	月	日
第40回	月	日

この本の使い方

●一度学習したところもくり返しやってみると、力がより確実になります。そのため計算や答えは直接書きこまずに、ノートに書くとよいでしょう。

●全部で40回分あります。1回分は、計算が8問、熟語(じゅくご)が10問です。かける時間の目安は、計算が20分、熟語が10分。自分がかかった時間を書きこんでおきましょう。

●1問ごとにチェックらんがあるので、まちがえた問題はチェックしておくと、次にやるときには注意して取り組むことができるでしょう。

●すべてやり終えたら、2回目、3回目とチャレンジしてみましょう。2回目以降(いこう)は少しずつ時間を短くしていくようにすると、さらに力がついていきます。

計算 第1回　〈かかった時間＿＿＿分〉

□ ① 4千万を10倍した数は［　　］です。

□ ② $3.8 \times 2.9 = 3.8 \times 2 + 3.8 \times \square$

□ ③ $0.462 = 0.1 \times \square + 0.01 \times \square + 0.001 \times \square$

□ ④ $3.56 = 3 + \frac{\square}{10} + \frac{6}{\square}$

□ ⑤ $3\frac{1}{4} - 1\frac{3}{4} = \square$

□ ⑥ はるおさんは，夜9時37分にねて，よく日の朝7時13分に起きました。ねていた時間は，［　　］時間［　　］分です。

□ ⑦ 1から300までの整数の中に，8の倍数は［　　］個あります。

□ ⑧ 1辺の長さが［　　］mの正方形の面積を1aといいます。

じゅくご

第一回

〈かかった時間　　分〉

□ (一) 兄はテンケイ的な楽天家だ。

□ (二) 山の頂上(ちょうじょう)にカンソク所がある。

□ (三) 新しいジュウキョにひっこした。

□ (四) この機械のコウゾウを調べてみましょう。

□ (五) シンネンを持って生きる。

□ (六) ついゲームにムチュウになってしまった。

□ (七) ゲンソクとして遅刻(ちこく)は許されない。

□ (八) 花のシュウイにみつばちが集まる。

□ (九) 会議の記録を文書でサクセイする。

□ (十) スアシで庭を歩くのはあぶない。

計算 第2回　〈かかった時間＿＿＿分〉

□ ① $\frac{1}{3}$時間は［　　］分です。

□ ② 141 ÷ 12 − 3.5 × 2 = ［　　］

□ ③ (30 + ［　　］) ÷ 6 + 13 = 21

□ ④ 6分45秒× 24 = ［　　］時間［　　］分

□ ⑤ $\frac{14}{50}$ = ［　　］%

□ ⑥ 1から100までの数の中で，奇(き)数は［　　］個あります。

□ ⑦ ある数に15を足して，それを3倍したら60になりました。ある数とは［　　］です。

□ ⑧ 1分間に45回まわるレコードAと，3分間に100回まわるレコードBの速さを比べると，［　　］のほうが速くまわります。

第二回

〈かかった時間　　分〉

□ (一) 彼(かれ)はコウミョウ心が強い。

□ (二) 旅の体験をつづった文章をキコウ文という。

□ (三) 大阪はコクサイ的な大都市です。

□ (四) 志望校合格をキショク満面で伝えた。

□ (五) 日本はギョギョウがさかんだ。

□ (六) 道でたおれていたところをキュウジョされた。

□ (七) エイエンの眠(ねむ)りにつく。

□ (八) タンポポのワタゲが飛んでいる。

□ (九) これはジュウヨウな問題だ。

□ (十) 会社の不正を内部コクハツする。

計算 第3回 〈かかった時間＿＿＿＿分〉

□ ① 3L ＝ □ cm³

□ ② $\frac{7}{12}=\frac{\square}{4}+\frac{\square}{3}$

□ ③ $1+\frac{1}{2}+\frac{1}{3}+\frac{1}{4}+\frac{1}{5}=\square$

 ④ 正五角形の１つの角は □ 度です。

 ⑤ (72, 48)の公約数を小さいものから順にすべて書きなさい。

□ ⑥ (6, 9)の公倍数を小さいものから順に４個書きなさい。

□ ⑦ 2.4L の食用油があります。これを重さ 0.2kgのびんに入れて量ったところ，2.36kgありました。食用油 1L の重さは □ kgです。

□ ⑧ 100 m を 12.8 秒で走る人がいます。この人が同じ速さで 350 m を走るとき，□ 秒かかります。

じゅくご

第三回

〈かかった時間　　分〉

□ (一) ショウハイを決める大事な戦い。

□ (二) カンコウ目的で旅行に出かける。

□ (三) 父の会社では新型の機器をドウニュウしている。

□ (四) 店内にボウハンカメラが設置された。

□ (五) 植物のサイシュウに野山へ行った。

□ (六) カコをふり返ってみる。

□ (七) 厚手のヌノジでスカートを作る。

□ (八) 地方をユウゼイして回る。

□ (九) ルイジ品にご注意ください。

□ (十) その病人はみんなからゼツボウ的とみられていた。

計算 第4回 〈かかった時間＿＿＿分〉

□ ① 4293 ＝

1000 × □ ＋ 100 × □ ＋ 10 × □ ＋ 1 × □

□ ② $\frac{6}{15} = \frac{\square}{10} = \frac{8}{\square}$

□ ③ $8 \times 16 = 8 \div \square$

□ ④ $5\frac{4}{9} - \frac{5}{6} + 1\frac{1}{2} = \square$

□ ⑤ 7を25でわることは □ を1000でわることと同じです。

□ ⑥ 正五角形には対称軸（たいしょうじく）が □ 本あります。

□ ⑦ ある分数の分子から3を引いて，4で約分したら$\frac{3}{7}$になりました。もとの分数は □ です。

□ ⑧ A，B，C 3人の生徒の身長が，それぞれ132㎝，128.5㎝，132.5㎝でした。この3人の身長の平均は □ ㎝です。

じゅくご

第四回

〈かかった時間　　分〉

□ (一) 道具の使い方をセツメイする。

□ (二) 今日はよいヒヨリだ。

□ (三) このびんのヨウセキは一リットルである。

□ (四) 草花にヒリョウをやる。

□ (五) どうするかは君のハンダンに任せる。

□ (六) 小説の始まりでサツジン事件が起きる。

□ (七) ジドウ会はもう始まっているようだ。

□ (八) 右に曲がるとセイカ市場だ。

□ (九) 世界一周のコウカイに乗り出す。

□ (十) この機械は自動チョウセツ機能がある。

計算 第5回 〈かかった時間＿＿＿分〉

□ ① 250円の3割(わり)は □ 円です。

□ ② $1 \div 0.7 =$ □ 余り □
（小数第4位まで求め，余りも出しなさい。）

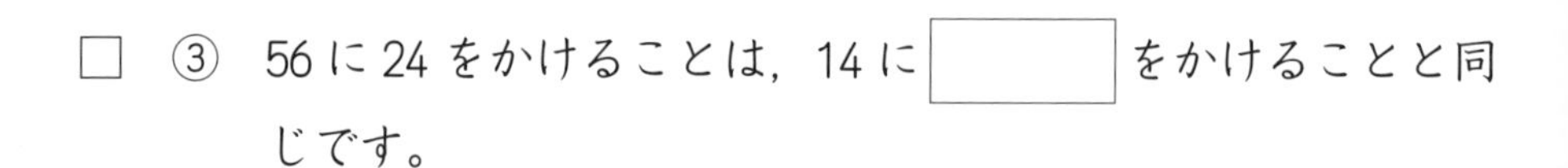

□ ③ 56に24をかけることは，14に □ をかけることと同じです。

□ ④ $(93 - 26) \times$ □ $- 192 = 411$

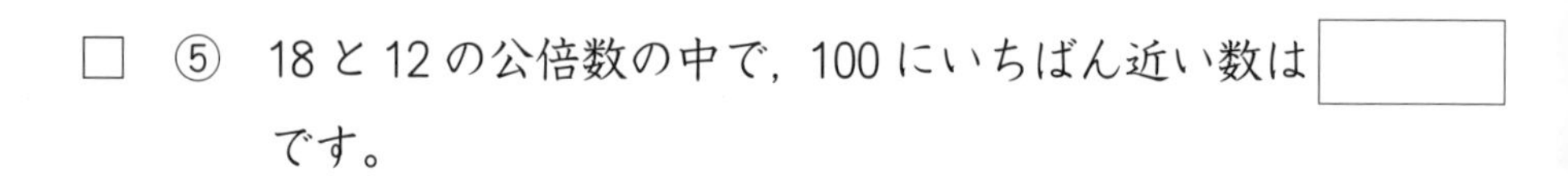

□ ⑤ 18と12の公倍数の中で，100にいちばん近い数は □ です。

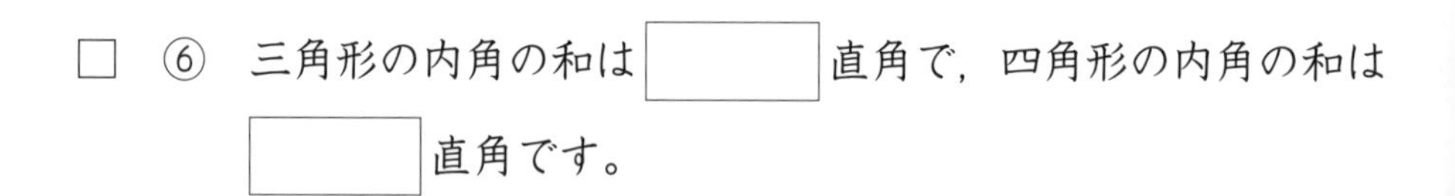

□ ⑥ 三角形の内角の和は □ 直角で，四角形の内角の和は □ 直角です。

□ ⑦ 分母と分子の差が12で，約分すると $\frac{5}{8}$ になる分数があります。この分数は □ です。

□ ⑧ 4回のテストの平均点が89点でした。次のテストで □ 点をとると，5回の平均点が90点になります。

じゅくご

第五回

〈かかった時間　　分〉

□ (一) つかれてくるとカンカクがにぶくなる。

□ (二) そのとき大ジケンが発生した。

□ (三) 戦国時代にブシたちは天下を争った。

□ (四) 台風でカセンがはんらんした。

□ (五) 十年ぶりに友達とサイカイした。

□ (六) クラス会でよいテイアンをした。

□ (七) あの高い建物がメジルシだ。

□ (八) この会社のガンソはあの老人である。

□ (九) ゲンジツのくらしはなかなか楽ではない。

□ (十) ショウボウダンの訓練のようすを見学する。

計算 第6回 〈かかった時間＿＿＿分〉

□ ① $125 \times 24 = \square$

□ ② $3.4 + 0.78 \div 0.3 = \square$

□ ③ $0.\square 4 = \dfrac{\square}{25} = \dfrac{2\square}{100}$

□ ④ $5\dfrac{1}{6} - 1\dfrac{1}{4} - 1\dfrac{2}{3} + \dfrac{3}{4} = \square$

□ ⑤ 12000 人の 4.8%は □ 人です。

□ ⑥ 分速 250 mの自動車は，30 分間に □ km走ります。

□ ⑦ 200 円で仕入れた品物を 250 円で売ると，もうけは □ %です。

□ ⑧ たて 5 m，横 2 m，深さが 1.5 mの水そうがあります。この水そうの上のふちから 50cmのところまで水を入れると，水のかさは □ kL です。

じゅくご

第六回

〈かかった時間　　分〉

□ (一) ショウブにはあまりこだわるな。

□ (二) 日本は古いデントウを持った国である。

□ (三) ハグルマがうまくかみ合わない。

□ (四) バイパス道路が通り、ベンリになった。

□ (五) 彼(かれ)の父はリョウシである。

□ (六) 朝はキシベを散歩する。

□ (七) 病気のときはアンセイにしていよう。

□ (八) スポーツの大記録でレキシに名前をきざむ。

□ (九) セイフクを着て通学する。

□ (十) ぼくは絵画コンクールでニュウショウした。

計算 第7回　〈かかった時間＿＿＿分〉

□ ① $\frac{1}{8}=$ □ %

□ ② $3\times(2+$ □ $)=18$

□ ③ 0.008 t ＝ □ g

□ ④ $\dfrac{6+\square+2}{21}=\dfrac{2}{3}$

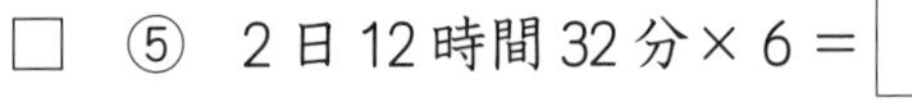

□ ⑤ 2日12時間32分×6＝ □

□ ⑥ 84㎠は，□ ㎠の2.4%です。

□ ⑦ 0，1，2，3，4の5つの数字があります。これを使って，3けたの整数は □ 通りできます。（ただし，同じ数字は2度使えないものとします。）

□ ⑧ 6人で20日間かかる仕事があります。これを1人ですると □ 日かかり，24人ですると □ 日かかります。

じゅくご

第七回

〈かかった時間　分〉

□ (一) 祖父母は古いカオクに住んでいる。

□ (二) 近所にチョスイ池がある。

□ (三) 忘(わす)れ物のウムを調べる。

□ (四) よい結果が出たのはドリョクしたからだ。

□ (五) 好きな音楽をたん能してすっかりマンゾクした。

□ (六) ヘリコプターのプロペラがカイテンする。

□ (七) 校長先生がコウエンする。

□ (八) スイガイを防ぐために土手を築く。

□ (九) バスが目的地でテイシャした。

□ (十) アンケートのタイショウを決める。

計算 第8回 〈かかった時間＿＿＿分〉

□ ① $40 - 2 \times (24 - 20 \div 4 \times 2) =$ □

□ ② $340.4 \div 0.74 =$ □

□ ③ $\left(1\frac{1}{4} - \frac{2}{3}\right) \div 1\frac{1}{6} =$ □

 ④ (30，20，80)の最大公約数は □ です。

 ⑤ 2300cm³＝ □ dL ＝ □ m³＝ □ L

□ ⑥ $2\frac{2}{3} + 1\frac{3}{5} - 4\frac{1}{15} =$ □

□ ⑦ 1辺の長さが1mの立方体を，1辺の長さが1cmの立方体に分解すると， □ 個の立方体になります。

□ ⑧ 海水には約3.5%の塩分がふくまれているそうです。500gの海水には約 □ gの塩分がふくまれています。

じゅくご

第八回

〈かかった時間　　分〉

□ (一) エタイの知れない物が道を横切った。

□ (二) 食器を熱湯でショウドクする。

□ (三) カンセン道路をつくる。

□ (四) 大学のゲイジュツ学部に合格した。

□ (五) その映画(えいが)はなかなかコウヒョウだった。

□ (六) ヘイソの態度が大切だ。

□ (七) ヒレイのグラフから式を求める。

□ (八) おこったり、泣いたり、カンジョウをむき出しにする。

□ (九) 自分の意見をシュチョウする。

□ (十) 午後からシュウカイが行われる。

計算 第9回　〈かかった時間＿＿＿＿分〉

□ ① $36 \times 25 \times 4 =$ □

□ ② $6 \times 6 \times 3.14 - 4 \times 4 \times 3.14 =$ □

□ ③ $\frac{1}{6} + \frac{1}{5} + \frac{1}{4} + \frac{1}{3} + \frac{1}{2} =$ □

 ④ 1時間59分17秒＋4時間48秒＝□

 ⑤ (12, 30, 50)の最小公倍数は□です。

□ ⑥ $0.7 \times$ □ $= 3.5 \times 0.4$

 ⑦ 1辺が12cmの正三角形の紙からは，1辺が3cmの正三角形が□まい切り取れます。

 ⑧ $\frac{2}{3}$より大きく$\frac{9}{10}$より小さい分数で，分母が60である約分できない分数を全部書きなさい。

じゅくご

第九回

〈かかった時間　　分〉

□ (一) 弟のケツエキガタはぼくと同じだ。

□ (二) プレゼントを買うヒヨウを工面する。

□ (三) 二人はセケン話をしている。

□ (四) ソッチョクな意見を言いなさい。

□ (五) 茶葉をフンマツにするとお湯にとけやすい。

□ (六) ヤサイ類を多くとって栄養を補給(ほきゅう)する。

□ (七) ユウボク生活を営む民族。

□ (八) 目前に連なるサンミャクを写真にとる。

□ (九) このホテルはセツビがよい。

□ (十) この商品はコウガクなので今は買えない。

 〈かかった時間＿＿＿分〉

□ ①　$128 \times 46 - 46 \times 28 = \square$

□ ②　17 m ÷ 6.8㎝ ＝ □

□ ③　$1\frac{5}{8} + 2\frac{5}{6} - \frac{7}{12} = \square$

□ ④　$6 \div \left(\square + \frac{1}{2} \right) = 4$

□ ⑤　4㎞＋ 200 m ＋ 305000㎝＋ 0.48㎞＝ □ m

 ⑥　向かいあった１組の辺だけが平行になっている四角形を

□ といいます。

 ⑦　$\frac{3}{8}$にいろいろな分数をかけて積が整数になるようにします。

その分数を小さいものから順に３つ書くと，□，

□，□ です。

□ ⑧　時速 60㎞の電車に 40 分，時速 30㎞のバスに 15 分乗った人

は，□ ㎞進みました。

じゅくご

第十回

〈かかった時間　　分〉

□ (一) 悪者はツイホウされた。

□ (二) シジョウ初の三連勝をねらう。

□ (三) あの子はときどきケビョウを使う。

□ (四) 今年はみかんがホウサクだ。

□ (五) コナユキが降(ふ)ってきた。

□ (六) 資本主義社会では自由キョウソウが行われる。

□ (七) 泳ぐ前にジュンビ運動をする。

□ (八) 地上から高い所ほどキアツは低下する。

□ (九) ショウニ科の病院に行く。

□ (十) その本はゼッパンになってしまったそうだ。

計算 第11回 〈かかった時間＿＿＿分〉

□ ① $6 + 5 \times (8 - 24 \div 6) = \square$

□ ② $2.9 \times 3.1 \times 100 - 8.25 \times 4 \times 5 = \square$

□ ③ 75.3 m ＝ □ km

□ ④ $1 - \frac{1}{2} + \frac{1}{3} - \frac{1}{4} + \frac{1}{5} - \frac{1}{6} = \square$

□ ⑤ $6 \times \frac{1}{5} \times 4 \times \frac{1}{3} \times 2 = \square$

□ ⑥ 75円は5万円の□厘(りん)です。

□ ⑦ 正十一角形には対称(たいしょう)の軸(じく)が□本引けます。

□ ⑧ $10\frac{1}{2}$ kmの道のりを2時間で歩いたときの時速は□kmです。

じゅくご

第十一回 〈かかった時間　　分〉

□ (一) サンセイか反対かを言ってください。

□ (二) 寒いのでアツギをして出かける。

□ (三) このキカイにいろいろ見物しておこう。

□ (四) 人工エイセイを打ち上げる。

□ (五) 彼(かれ)はスナオな少年だ。

□ (六) ぼくは理科がニガテだ。

□ (七) 祖父のボゼンに花をそなえる。

□ (八) 四月には、生徒数にゾウゲンがある。

□ (九) スポーツをしてセイシン力をきたえる。

□ (十) この小説は出だしのジョショウからおもしろい。

計算 第12回 〈かかった時間＿＿＿分〉

□ ① $42 \div 7 \times 6 \div 2 =$ □

□ ② $(24 - 4.8) \div 4.8 - 1 =$ □

□ ③ $\frac{1}{3} \div 0.3 =$ □

□ ④ $5\frac{1}{2} - \left(3\frac{1}{3} + \frac{3}{4}\right) =$ □

□ ⑤ 3時間58分23秒＋4時間12分58秒＝□

□ ⑥ 240円の□%は30円です。

□ ⑦ □円の品物を1割(わり)5分引きで買うと，2074円になります。

□ ⑧ 半径20㎝，中心角90度のおうぎ形の面積は□㎠です。

じゅくご

第十二回

〈かかった時間　　分〉

□ (一) 昨夜はボウフウウだった。

□ (二) いろいろなタイオウの仕方がある。

□ (三) ヒツヨウな物を忘(わす)れないように気をつける。

□ (四) 人間にはリセイがある。

□ (五) 町では多くのイミンを受け入れている。

□ (六) 県立高校の先生はコウムインだ。

□ (七) 反対セイリョクに立ち向かう。

□ (八) 結果のホウコクをする。

□ (九) だれもがコウフクになりたがる。

□ (十) ノルウェーでビャクヤを体験した。

計算 第13回 〈かかった時間＿＿＿分〉

□ ① $234 \div 13 \div 6 =$ □

□ ② 19 m ÷ 7.6 cm ＝ □

□ ③ $5 \times \left(3 - \frac{4}{5}\right) - \frac{7}{8} =$ □

□ ④ 33分45秒÷2分15秒＝ □

□ ⑤ 1 km －(38 m × 5 ＋ 60 m ÷ 5)＝ □ m

□ ⑥ 円の半径を3倍にすると，面積は □ 倍になります。

□ ⑦ 牛肉を100 g 440円で売っています。定価の1割(わり)引きで売ると，100 g □ 円です。

□ ⑧ 小数第1位未満を切り捨(す)てて13.4になる数は， □ 以上 □ 未満の数です。

じゅくご

第十三回

〈かかった時間　　分〉

□ (一) パンのキジを手でこねる。

□ (二) 記念品のモクロクを見る。

□ (三) このラジオはよくザツオンが入る。

□ (四) 楽しくてついナガイをしてしまった。

□ (五) クリアしてタッセイ感を味わった。

□ (六) 日本人はノウコウ民族と言われる。

□ (七) レイガイはみとめられない。

□ (八) トウケイデータを使ってレポートを作成する。

□ (九) この病院でシュジュツを受けた。

□ (十) 彼(かれ)トクユウのいやなくせが出た。

計算 第14回 〈かかった時間＿＿＿分〉

□ ① $\square \times 8 + 13 = 69$

□ ② $1 \div 0.008 \div 2.5 = \square$

□ ③ 0.7㎥＝□ L

□ ④ 1日3時間50分＝□時間

□ ⑤ 24の約数全部の和は□です。

□ ⑥ $1 - \frac{1}{2} + \frac{1}{4} + \frac{1}{8} - \frac{1}{16} = \square$

□ ⑦ 長針（しん）と短針の1時間にそれぞれの針（はり）がまわる角度の差は□度です。

□ ⑧ 6＋(6－2)の計算を，かんたんに6※2という記号で表すことにすると，10※4の値（あたい）は□になります。

じゅくご

第十四回

〈かかった時間　　分〉

□ (一) 飲食店はエイセイに気をつかう。

□ (二) この親は子どもの将来(しょうらい)をヒカンしている。

□ (三) あの事件から一年がケイカした。

□ (四) 父はおつまみの中でもエダマメが好きだ。

□ (五) チヨガミでつるを折った。

□ (六) 生命ホケンに加入するため書類を取り寄せる。

□ (七) 国民はゼイキンをおさめなければならない。

□ (八) トホで三十分かけて学校へ通う。

□ (九) 遠足のインソツに加わった。

□ (十) この絵にはソウゾウ上の動物がえがかれている。

計算 第15回 〈かかった時間＿＿＿分〉

□ ① $5+5-5\times5\div5=$ □

□ ② $3.14\times27.8=$ □

□ ③ $\frac{2}{3}+4\frac{2}{5}-\frac{11}{12}=$ □

□ ④ 4250 秒＝□時間 10 分□秒

□ ⑤ 分速 60 m で歩く人は 1 時間 20 分に□km進みます。

□ ⑥ $\frac{16}{37}$を小数になおすと 0.4324324……とならんで，わり切れません。小数第 47 位の数は□になります。

□ ⑦ 0.33，$\frac{1}{3}$，$\frac{8}{25}$を大きい順にならべると，□，□，□となります。

□ ⑧ 10 から 20 までの整数のうち，1 とその数以外に約数をもたない数の和は□です。

じゅくご

第十五回

〈かかった時間　　分〉

□ (一) 入り口で身分ショウメイ書を見せる。

□ (二) 姉は昨日からシュウガク旅行だ。

□ (三) ソシキのなかの一員として働く。

□ (四) ヤオヤさんで野菜を買う。

□ (五) プールに入るのをキンシする。

□ (六) だんだんセイセキが良くなってきた。

□ (七) 野球の試合でヒリキな自分をはじた。

□ (八) がんばれば記録のこう新はカノウだ。

□ (九) あの建物は造りがヒンジャクだ。

□ (十) 富士トザンに出かける。

計算 第16回　〈かかった時間＿＿＿分〉

□ ① 42 −(5 × 8 − □ ÷ 3)= 13

□ ② 10 ÷ 3.14 = □
(四捨五入して，小数第２位まで求めなさい。)

□ ③ 8 × 2 × 3.14 + 2 × 2 × 3.14 − 5 × 2 × 3.14 = □

□ ④ 0.013 t = □ g

□ ⑤ 7380125422 を漢数字で書くと □ です。

□ ⑥ 分速５ｍは時速 □ kmです。

□ ⑦ 長さ 10 ｍのひもを５つに切って，10cmずつ長さがちがうようにすると，いちばん長いひもは □ ｍになります。

□ ⑧ Ａ，Ｂ，Ｃ３人の身長は，それぞれ 1.36 ｍ，1.34 ｍ，1.41 ｍです。３人の身長の平均は □ ｍです。

じゅくご

第十六回

〈かかった時間　　分〉

□ ㈠ 食中毒の原因のチョウサが始まった。

□ ㈡ 相続にはフクザツな手続きが必要だ。

□ ㈢ シンソコお礼を申し上げます。

□ ㈣ 頭からユゲを立てておこった。

□ ㈤ 社会科見学で国会ギジドウに行く。

□ ㈥ 博士はミカイの地へ治りょうに向かったのだ。

□ ㈦ 父とぼくの親子カンケイは良好です。

□ ㈧ コセイを重んじる教育を行う学校。

□ ㈨ 先生に進学のソウダンをする。

□ ㈩ 彼(かれ)はとてもギリ固い人だ。

計算 第17回 〈かかった時間＿＿＿分〉

□ ① $12 + 36 \div 12 \times 3 =$ □

□ ② 小数第3位以下を四捨(しゃ)五入した結果が3.17になる数は，□以上□未満です。

□ ③ $\frac{33}{38} \div 2\frac{7}{57} =$ □

□ ④ 0.2は$\frac{1}{500}$の□倍です。

□ ⑤ 25%の食塩水200g中に，水は□g入っています。

□ ⑥ $1 + 2 + 3 + \cdots\cdots + 99 + 100$を計算すると□になります。

□ ⑦ たかしさんはおこづかいの$\frac{1}{3}$を使って参考書を買い，次に740円のプラモデルを買ったら残りは560円になりました。はじめに持っていたおこづかいは□円です。

□ ⑧ 10時7分から10時35分までに長針(しん)は□度動きます。

じゅくご

第十七回 〈かかった時間　分〉

□ (一) シガイ地では、住民がそう音になやまされている。

□ (二) ハイボクのつらさを味わう。

□ (三) この家はクカク整理のため、とりこわされることになった。

□ (四) 身体ソクテイで体重が増えていた。

□ (五) もし……だったら、とカセツを立てて考える。

□ (六) どうか、ごブレイをお許しください。

□ (七) シンキュウ交代の時期が来たようだ。

□ (八) ウェイターがチュウモンをとりに来る。

□ (九) その件についてはベンカイの余地がない。

□ (十) 父は、自動車のセイビにいそがしく立ち働いている。

計算 第18回　〈かかった時間＿＿＿分〉

□ ①　$7+\{4+(\square-3)\}\div 2=10$

□ ②　$(\square\div 2.4-0.8)\times 2.5=1$

□ ③　$\frac{7}{8}-\frac{3}{8}\times\frac{2}{3}=\square$

□ ④　３回のテストの結果はａ点，ｂ点，ｃ点でした。平均点は □ 点です。

⑤　ＡはＢの$1\frac{3}{7}$倍ならば，ＢはＡの □ 倍です。

⑥　次の２つの数のまん中に入る数は □ です。

(0.4,　□　, 0.3)

□ ⑦　７人の友達に柿（かき）を６個ずつ分けたら５個余りました。柿は □ 個ありました。

□ ⑧　□ %を，全体が20㎝の帯グラフで表すと，12.5㎝になります。

第十八回 〈かかった時間　　分〉

□ (一) 去年よりも今年の冬のほうがセキセツの量が多い。

□ (二) ごツゴウがよろしければ、どうぞおいでください。

□ (三) 秋はカイテキに過ごせる季節だ。

□ (四) 今日はうさぎのシイク当番だ。

□ (五) 文学のケンキュウにいそしむ。

□ (六) よりよいトウアンを書くために努力をおしまない。

□ (七) 家庭科でエプロンをセイサクする。

□ (八) 自然サイガイはいつ起こるかわからない。

□ (九) ぼくがやったというカクショウはないはずだ。

□ (十) テイジされた金額におどろいてしまった。

計算 第19回 〈かかった時間＿＿＿分〉

□ ① $25 \times 7 \times 3 \times 4 = \square$

□ ② $3.164 \div 0.791 = \square$

□ ③ 950000cm³＝□ kL

□ ④ $\dfrac{(28 + \square) \times 7}{2} = 140$

□ ⑤ $0.75 \div 1\dfrac{7}{8} \times \dfrac{3}{7} = \square$

□ ⑥ 0.623は□が623個集まった数です。

□ ⑦ 平年の2月4日が立春だと，それから88日目は□月□日となります。

□ ⑧ 水140gに食塩20gを加えてできる食塩水のこさは□%です。

じゅくご

第十九回　〈かかった時間　　分〉

□ (一) ソウコの品物を整理する。

□ (二) 私(わたし)は毎月おこづかいをチョキンしている。

□ (三) 年長者のジョゲンは貴重(きちょう)なものだ。

□ (四) 重要書類を会社でホカンする。

□ (五) 肉や魚をチョウリする。

□ (六) このオーケストラは五十人でヘンセイされている。

□ (七) 工業ギジュツの発達には目覚ましいものがある。

□ (八) 二つの列が運動場の中央でコウサした。

□ (九) 病院再建のためのキフをつのる。

□ (十) 個人のノウリョクに大したちがいはない。

計算 第20回 〈かかった時間＿＿＿分〉

□ ① $121 \div 11 \times 7 = \square$

□ ② $4500 \times 0.48 = \square$

□ ③ $8\frac{1}{8} = 5\frac{3}{\square} + \square\frac{3}{8}$

□ ④ 16時間40分15秒 $\div 3 = \square$

□ ⑤ 15から149までの整数の和は □ です。

□ ⑥ 1割（わり）5分の利益を見こんで920円の定価をつけた品物の原価は □ 円です。

□ ⑦ 1周するのに1時間12分48秒かかる電車が10周するには □ 時間 □ 分かかります。

□ ⑧ たて12cm，横20cmの紙を，のりしろ2cmにして横に51まいつなぐと，横は □ mになります。

じゅくご

第二十回 〈かかった時間　分〉

□ (一) セキニンある仕事をなしとげる。

□ (二) どんなホウホウをもってしても、この難問(なんもん)を解くことはできない。

□ (三) 彼女(かのじょ)はドクガクでその資格をとったのだという。

□ (四) 空いている住宅(じゅうたく)をカシヤにしてお金を得る。

□ (五) 文章のナイヨウを上手にまとめる。

□ (六) 先生のお宅(たく)にうかがったけれど、先生はおルスだったよ。

□ (七) あの画家はセイブツ画を主にえがいている。

□ (八) ニモツを駅に預(あず)ける。

□ (九) 一人のケイソツな行動で、みんなが遅刻(ちこく)した。

□ (十) タイトウの立場で話し合うことがかんじんだ。

計算 第21回 〈かかった時間＿＿＿分〉

□ ① $2 \div 4 \div 6 \times 39 \times 8 \div 13 =$ □

□ ② $2\frac{1}{5} - 1\frac{2}{3} =$ □

□ ③ $\left(3\frac{1}{4} - 2\frac{1}{4} \div 3\frac{3}{5} \times 5\right) \div 1\frac{1}{8} =$ □

□ ④ $\frac{\square}{8} + \frac{\square}{3} = \frac{19}{24}$

⑤ 60㎠は1㎡の □ %です。

⑥ 4けたの整数235■が3でわり切れるとすると， □ 個の整数ができます。

□ ⑦ 円グラフで中心角が45度であれば，全体の □ %にあたります。

□ ⑧ 104と96のどちらをわってもわり切れる数のうち，いちばん大きい数は □ です。

第二十一回　〈かかった時間　　分〉

□ (一) コウクウキ不時着のニュースが飛びこんできた。

□ (二) センゾ代々に伝わる家訓がある。

□ (三) 時代の変化にテキオウして生きる。

□ (四) 五年生のヒョウジュン体重はどれくらいだろう。

□ (五) ぼくが一位だとカクシンしている。

□ (六) ジェット機のネンリョウを満タンにする。

□ (七) 二国間の争いはコンメイをきわめている。

□ (八) コウカな宝石(ほうせき)を身につける。

□ (九) ぼくはセイジに関心がある。

□ (十) 大ジコで生死の境をさまよう。

計算 第22回 〈かかった時間＿＿＿分〉

□ ① $16 \div 84 \times 63 =$ □

□ ② $14.0 - 2.8 \div 0.7 \times 3 + 13.1 =$ □

□ ③ $1\frac{1}{3} - \left(\frac{1}{4} + \frac{1}{6}\right) =$ □

□ ④ 2.5 の逆数を分数で表すと □ です。

□ ⑤ 47 の倍数のうち 500 にいちばん近い数は □ です。

□ ⑥ $2\frac{2}{3}$ をある数でわると $\frac{2}{3}$ になりました。ある数とは □ です。

□ ⑦ □ 円の定価の 2 割(わり) 5 分引きの売価は 690 円です。

□ ⑧ 水 100 g に食塩 25 g をとかすと □ %の食塩水になります。

じゅくご

第二十二回 〈かかった時間　　分〉

□ (一) 合格発表の場面はヒキこもごもだ。

□ (二) 洋服を作るので布にカタガミをあてる。

□ (三) あの人はりっぱなサイゴをとげた。

□ (四) 自然ゲンショウを観測する。

□ (五) 同じ文章なので以下ショウリャクする。

□ (六) ぼくは一〇〇メートル競走にはジシンがある。

□ (七) 音楽コンクールでドウショウをもらう。

□ (八) 世界のメンカの生産量を調べる。

□ (九) 好きな作家の新作本がカンコウされた。

□ (十) モクヒョウを決めて計画を立てる。

計算 第23回 〈かかった時間＿＿＿分〉

□ ① $456 + 999 \times 456 =$ □

□ ② $10000 - 124.37 \times 5 - 8 \times 9.6 \div 0.03 =$ □

□ ③ 7.2時間＝□時間□分

□ ④ $\frac{4}{5} - \left(\frac{5}{7} - \frac{3}{14}\right) =$ □

□ ⑤ 500 mを$\frac{4}{5}$分で走る自動車は分速□mです。

□ ⑥ □に$\frac{9}{8}$を足した和を12でわったら$\frac{1}{6}$になりました。

□ ⑦ (24，32，72)の最大公約数は□です。

□ ⑧ ある学年160人のうち8人休みました。出席率は□%です。

じゅくご

第二十三回 〈かかった時間　　分〉

□ (一) 人間はサベツを受けるべきではない。

□ (二) あいさつ運動はフウキ委員の仕事だ。

□ (三) このもめ事のチョウテイ役を買って出た。

□ (四) 国際ジョウセイに注意をはらう。

□ (五) 郵便(ゆうびん)ハイタツのおじさん、ごくろうさま。

□ (六) 祖母のヨウダイは日ごとに良くなっていった。

□ (七) これからは、イッサイ許しませんよ。

□ (八) 野球選手をシガンして、彼(かれ)は努力した。

□ (九) 事件はテレビ、新聞でホウドウされた。

□ (十) ことのケイチョウを考えて行動する。

計算 第24回　〈かかった時間＿＿＿分〉

□ ①　$24 - 24 \div \square \div 5 - 5 = 7$

□ ②　$(0.01 + 0.01 \times 0.01) \div 0.01 \times 0.1 = \square$

□ ③　$\frac{1}{2} \times \frac{4}{15} + \frac{1}{10} \div \frac{9}{14} = \square$

□ ④　780dL と 0.65kL との和は □ ㎥です。

□ ⑤　500 円の 1 割 8 分引きは □ 円です。

□ ⑥　(5，35，105) の最小公倍数は □ です。

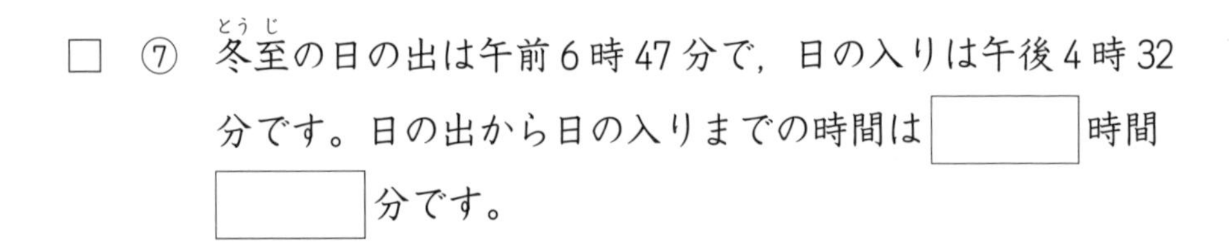

□ ⑦　冬至の日の出は午前 6 時 47 分で，日の入りは午後 4 時 32 分です。日の出から日の入りまでの時間は □ 時間 □ 分です。

□ ⑧　底辺が 40㎝，高さが 30㎝の三角形があります。この面積を変えないで，高さを $\frac{1}{2}$ にした三角形をつくると，底辺は □ ㎝になります。

じゅくご

第二十四回　〈かかった時間　分〉

□ (一) これは昔からこの地方に伝わるカンシュウです。

□ (二) 勉強の仕方を変えたらコウカが出てきた。

□ (三) 入院中の母が一日も早くゼンカイしますように。

□ (四) イランは石油のユシュツ国です。

□ (五) ことわざやカクゲンを勉強しよう。

□ (六) ぼくの学校のホケン室はすごくきれいだぞ。

□ (七) ギャッキョウにめげず、全力をつくす。

□ (八) フコウは人間の心がけで防げるものですか？

□ (九) 彼（かれ）とはエイキュウにお別れなのだろうか。

□ (十) その人はヨセイを長野県の田舎（いなか）で送った。

計算 第25回 〈かかった時間＿＿＿分〉

□ ① $3186 \div 27 - 351 \div 27 = \square$

□ ② $0.56 \div 0.007 \times 2.5 \times 4 = \square$

□ ③ $12\frac{7}{24} \times 8 = \square$

□ ④ $3.5 - 0.5 \div \frac{1}{3} = \square$

□ ⑤ $\frac{1}{1} + \frac{2}{10} + \frac{3}{100} + \frac{4}{1000} + \frac{5}{10000} = \square$

□ ⑥ 24の約数は□個あります。

□ ⑦ ある家の生活費を円グラフに表してみることにしました。生活費が80000円のとき，光熱費が6000円でした。光熱費の中心角は□度です。

□ ⑧ たて500 m，横600 mの長方形の土地の面積は□haです。

第二十五回 〈かかった時間　分〉

□ ㈠ 平和がいいなあ、センソウはもういやだよ。

□ ㈡ 手紙は気どらずにヘイイな文章で書こう。

□ ㈢ オリンピックの旗はゴリンのマークだよ。

□ ㈣ 商売のリエキを、彼(かれ)は研究につぎこんだ。

□ ㈤ 体育館の使用にはキョカが必要です。

□ ㈥ 優勝(ゆうしょう)できなくてザンネンだった。

□ ㈦ 会場の人々の表情はメイアン入り乱(みだ)れていた。

□ ㈧ 先日のテストのヘイキン点が発表された。

□ ㈨ クラスの男女のヒリツは女子のほうが高い。

□ ㈩ 行進はホチョウをそろえて通り過ぎた。

計算 第26回　〈かかった時間＿＿＿＿分〉

□ ①　$6 + 5 - 4 \times 3 \div 2 =$ □

□ ②　$57.3 \times 24 =$ □

□ ③　$\frac{5}{13} \times 99 = \frac{5}{13} \times 100 -$ □

□ ④　150度は □ 直角です。

□ ⑤　$\frac{2}{3} + \frac{10}{21} + \frac{5}{14} + \frac{5}{18} + \frac{2}{9} =$ □

□ ⑥　1.5の逆数を分数で表すと □ です。

 ⑦　ある整数を9でわった商の小数第1位を四捨五入すると，20になりました。この整数は □ 以上 □ 以下です。

□ ⑧　100円で42個買えたあめが20%値上がりすると，買えるのは □ 個です。

じゅくご

第二十六回　〈かかった時間　　分〉

□ (一) 知らない漢字はジテンで調べよう。

□ (二) 勝負のハンテイがなかなかつかなかった。

□ (三) それはたいへんキョウミ深いお話ですね。

□ (四) 父のショクギョウは会社員です。

□ (五) わが軍は敵(てき)にホウイされてしまったのです。

□ (六) 世の中には他人のソラニということもある。

□ (七) 作文するにはコウソウをよく練ろう。

□ (八) この辺りはケオリモノの産地として知られている。

□ (九) あまり出しゃばらず、ジチョウしたほうがよい。

□ (十) 身の回りをセイケツにすると気持ちがよい。

計算 第27回 〈かかった時間＿＿＿分〉

□ ① $18 \div 3 \times 6 + 12 \div 4 =$ □

□ ② 4.2万÷0.3万＝□

□ ③ $4\frac{3}{10} - 3\frac{1}{6} + \frac{2}{15} =$ □

□ ④ $2\frac{1}{9} \div 5\frac{7}{10} =$ □

□ ⑤ (42, 36)の公約数は□個あります。

□ ⑥ 3分(ふん)の2割(わり)5分(ぶ)は□秒です。

□ ⑦ 1000個のみかんを，65個入りの大箱と30個入りの小箱につめたら，合わせて20箱できて15個だけ余りました。大箱が□箱、小箱が□箱できました。

□ ⑧ 3人の平均身長は，138.4cmです。この中に142.0cmの人が加わると，4人の平均身長は□cmになります。

第二十七回　〈かかった時間　　分〉

□ (一) アメリカ入国のジョウケンはどんなことですか。
□ (二) ヨットで太平洋横断にセイコウした人の話を聞く。
□ (三) 相手の問いに対し、テキカクに答えることができた。
□ (四) 父の大切なつぼをコイにこわしたわけではない。
□ (五) 君は両親のキタイにみごとにこたえた。
□ (六) ヒマン解消のためにジョギングを始めた。
□ (七) 店のケイエイは母に任されている。
□ (八) あの人はたしかシュッパン社の人だ。
□ (九) 彼(かれ)はタビジ半ばにして病気になってしまった。
□ (十) リョウドをめぐった国家間の対立がある。

計算 第28回 〈かかった時間＿＿＿分〉

□ ① $8 + 72 \div 4 - 9 =$ □

□ ② □ $\div 12 = 30.4$ 余り 0.2

□ ③ 11 時間 28 分 ÷ 22 分 56 秒 ＝ □

□ ④ $3.48\text{m}^3 \times \frac{3}{4} =$ □ L

□ ⑤ $\frac{3}{2}$, $\frac{5}{4}$, $\frac{9}{8}$, □, $\frac{33}{32}$, ……

□ ⑥ 3 でわっても，5 でわっても 1 余る 2 けたの整数の中で，2 でわり切れる整数は □ 個あります。

□ ⑦ ある容器に 15% の食塩水が入っています。これを加熱して水を全部蒸発（じょうはつ）させたところ，19.5 g の食塩がとれました。はじめこの食塩水は □ g ありました。

□ ⑧ 面積 25ha の正方形の土地の周囲の長さは □ kmです。

じゅくご

第二十八回　〈かかった時間　　分〉

□ (一) ぼくたちはダンタイ列車で出発しました。

□ (二) おばはコウセイ労働省で働いている。

□ (三) 兄は中学生になって自分のコシツをもらえた。

□ (四) このきまりのキジュンは何ですか。

□ (五) 次の□□に入るセツゾク語を答えなさい。

□ (六) よくないことの起きるゼンチョウのような気がする。

□ (七) この建物のセッケイ者はだれですか。

□ (八) 赤ちゃんが無事にホゴされて何よりだ。

□ (九) 君の車にビンジョウさせてくれないか。

□ (十) あの山のインショウは強かったなあ。

計算 第29回 〈かかった時間＿＿＿分〉

□ ① $78123 + 45 - 1209 =$ □

□ ② $1.3 \times 2.02 + 0.3 \div 2.5 =$ □

□ ③ $1 \div 2\frac{1}{7} \div 4\frac{2}{3} =$ □

□ ④ 正六角形の１つの内角の大きさは，□度です。

□ ⑤ 「$1 + 2 \times 3 \times 4 + 5 + 6 \div 7 + 8 - 9$」に(　)を１組書きこんで，答えが整数になるようにしなさい。

□ ⑥ ある人工衛星は地球を１周するのに1437分かかります。これは□時間□分です。

□ ⑦ 直径が6cmの半円の面積は□cm²です。

□ ⑧ 12分おきに発車するバスと15分おきに発車するバスがあります。午前8時12分に同時に発車したとき，次に同時に発車するのは□時□分です。

第二十九回 〈かかった時間　分〉

□ (一) 父は、先週から海外へシュッチョウしている。

□ (二) この山では鉄材の原料となるコウセキが採れる。

□ (三) 全員がキョウリョクすれば決して無理なことではない。

□ (四) ゾウゼイによる消費の落ちこみが心配される。

□ (五) 宇宙(うちゅう)には、まだまだフシギなことがたくさんある。

□ (六) 名古屋までのオウフク切符(きっぷ)を買う。

□ (七) だれにでもケッテンはあるものだ。

□ (八) パーティーに友達をショウタイする。

□ (九) 「建国記念の日」は国民のシュクジツだ。

□ (十) その言葉に、彼(かれ)は複雑なハンノウを示した。

計算 第30回 〈かかった時間＿＿＿分〉

□ ① $(9845-197)\div 597-6\times\{(42-28)\div 7\}=\square$

□ ② $56.3\div 7.8=\square$
（四捨五入して，小数第２位まで求めなさい。）

□ ③ $2\frac{5}{8}\div 7=\square$

 ④ $\left(\frac{5}{6}-\square\right)\div\frac{2}{3}+\frac{1}{2}=1$

 ⑤ 1，3，6，10，15，……で 55 は最初から □ 番目です。

□ ⑥ 3.8ｔの水の体積は □ ㎥です。

□ ⑦ Ａの 35%がＢに等しいとき，ＡはＢの □ 倍です。

□ ⑧ ５日間で８分おくれる時計があります。１週間たつと □ 分おくれます。

じゅくご

第三十回　〈かかった時間　分〉

□ (一) あめの缶(かん)の中にキャラメルがコンザイしている。

□ (二) 一歩一歩、チャクジツに頂上(ちょうじょう)に近づく。

□ (三) 道路ヒョウシキをたよりに、目的地へと向かう。

□ (四) ぼくは、野口英世(のぐちひでよ)の伝記をアイドクしています。

□ (五) 「途中(とちゅう)であきらめないぞ。」と、固くケッシンする。

□ (六) コロンブスはミチの大陸をめざして大西洋へ船出した。

□ (七) 工業分野では、材料のキンシツ性が求められている。

□ (八) 今度会うのはサライネンだね。

□ (九) ナタネから油をとる体験をした。

□ (十) 通学時間帯には、ここはウセツ禁止になる。

計算 第31回 〈かかった時間＿＿＿分〉

□ ① $320 \div 0.01 = 320 \times$ □

□ ② $0.75 + 3.25 \div 5 + 0.04 =$ □

□ ③ $9 \times (13 +$ □ $) = 153$

□ ④ $\left(1 - \frac{2}{3} \div \frac{5}{4}\right) \times \frac{6}{7} =$ □

⑤ 200 g で 60 円のおかしを 500 g 買うには，□円はらえばよいです。

⑥ 72 と 48 の公約数のうち，最も大きいのは□です。

□円の 2 割（わり）引きは，40 円です。

⑧ 次の数の中で，3 以上 4 未満の数を選びなさい。

$3.5 \qquad \frac{10}{3} \qquad 4 \qquad 3.01 \qquad 3\frac{4}{3} \qquad 3\frac{3}{4} \qquad 5$

じゅくご

第三十一回 〈かかった時間　分〉

□ (一) 山田フサイとは家族ぐるみの付き合いだ。

□ (二) 結果も大事だが、そこまでのカテイも大事だ。

□ (三) サイフの中には一円の金もない。

□ (四) 成功するにはヘイゼイの心がけが大切だ。

□ (五) この寺院は古代中国のケンチク様式をまねたものだ。

□ (六) これは私(わたし)のドクダンで決めたことです。

□ (七) あのドラマは登場人物の一人がドクサツされる。

□ (八) おじはホウフな経験の持ち主だ。

□ (九) 京都のお寺でブツゾウを見る。

□ (十) 成績が下がったゲンインを調べる。

計算 第32回 〈かかった時間＿＿＿分〉

□ ① $2 \div 3 \times 18 + 5 \div 7 \times 14 = \square$

□ ② $3.2 \div 20 + 0.3 \times 8 = \square$

□ ③ $3.4 + 5\frac{3}{5} = \square$

□ ④ $3\frac{1}{6} - 1\frac{2}{3} + 2\frac{3}{4} - \frac{1}{2} = \square$

□ ⑤ $\square$ を 8 でわると，商が 12 で余りが 4 です。

□ ⑥ 40 以上 180 以下の整数の中に，6 の倍数は $\square$ 個あります。

□ ⑦ 時速 90km の自動車は，$\square$ 分間で 75km 走ります。

□ ⑧ 分数 $\frac{5}{6}$ の分子に 10 をかけても分数の値（あたい）が変わらないようにするには，分母に $\square$ をかければよいです。

第三十二回　〈かかった時間　　分〉

□ (一) ホームランを打って、彼(かれ)はトクイそうだった。

□ (二) 自分のヘヤを自分の好みにかざりつける。

□ (三) 生徒は全員コウドウに集合してください。

□ (四) あらゆるシリョウを調べて、あやまりのないようにする。

□ (五) 前後のミサカイもなく行動してはいけません。

□ (六) ガスのせんをしめ忘(わす)れていないか、テンケンする。

□ (七) 社会の動きにカンシンを持って毎日、新聞を読む。

□ (八) 母はジビョウの頭痛(ずつう)になやまされている。

□ (九) 父は一代でザイサンを築き上げた。

□ (十) 学芸会で六年一組は校歌をガッショウした。

計算 第33回 〈かかった時間＿＿＿分〉

□ ① $(5 - \boxed{}) \times 2 + 5 = 7$

□ ② $0.065 \times 23 + 1.7 \times 0.65 = \boxed{}$

□ ③ $\frac{3}{64}$，$\frac{2}{59}$，$\frac{4}{83}$を大きい順にならべなさい。

□ ④ $\frac{5}{7} \times 33 - \frac{4}{7} \times 33 + \frac{6}{7} \times 33 = \boxed{}$

□ ⑤ 0.72km＋72m－72cm＝$\boxed{}$m

□ ⑥ 300gの水に75gのさとうを入れてとかすと$\boxed{}$%のさとう水ができます。

□ ⑦ たろうさんは，昨夜ある本の$\frac{3}{4}$を読み，今日残りの$\frac{1}{3}$を読みました。まだ40ページ残っています。この本は全部で$\boxed{}$ページの本です。

□ ⑧ 2週間で7.56kgの米を食べる家庭があります。この家庭で9.72kgの米を食べるのには$\boxed{}$日かかります。

じゅくご

第三十三回　〈かかった時間　　分〉

□ (一) 花見のシーズンが終わると、ハザクラになる。

□ (二) あの漁船はタイリョウの旗をかかげているよ。

□ (三) 今、ぼくたちはヒョウコウ千メートルのところにいる。

□ (四) 姉はタンサン飲料を好んで飲む。

□ (五) ぼくは全面的に君の意見をシジするよ。

□ (六) 先生のシジにしたがって行動する。

□ (七) 新市長のヒョウバンはたちまち広まった。

□ (八) 生徒会長のエンゼツを聞いた。

□ (九) 秋は学校のギョウジがいろいろある。

□ (十) ゼッタイにその箱を開けてはいけない。

計算 第34回 〈かかった時間＿＿＿分〉

□ ① $8 \div 5 \times 9 + 6 - 7 =$ □

□ ② $(38.45 - 0.68 \times 4) \div 3 =$ □

□ ③ $5\frac{3}{4} - \frac{2}{3} - 4\frac{7}{8} =$ □

□ ④ $2\frac{3}{5} \times \left(\frac{3}{4} - \frac{1}{3}\right) =$ □

□ ⑤ $3\frac{5}{6}$直角＝□度

□ ⑥ $\frac{1}{2}$，$\frac{2}{3}$，$\frac{3}{4}$，□，□，$\frac{6}{7}$，……

□ ⑦ 定価 35000 円の品物を 1 割（わり）5 分引きで売ると，売り値（ね）は□円です。

□ ⑧ 千の位を四捨（しゃ）五入して 180000 になる数は□以上

じゅくご

第三十四回　〈かかった時間　　分〉

□ (一) 彼(かれ)の行動はジョウシキはずれだ。

□ (二) このセイヒンはA社のものにまちがいない。

□ (三) 新聞社にはいろいろなジョウホウが入ってきます。

□ (四) 村には次々とデントウがともりました。

□ (五) 船を出す前に海のジョウタイを見てこよう。

□ (六) その回答はしばらくホリュウさせてください。

□ (七) 君の作品のカンセイも近いようだね。

□ (八) 村の人口はゲンショウするばかりだった。

□ (九) ピッチャーのソシツをみとめられた。

□ (十) 放課後のコウシャに西日がさす。

計算 第35回 〈かかった時間＿＿＿分〉

□ ① $13 - (6 + 4 \times 3) \div 3 \times 2 =$ □

□ ② $0.2 \times 0.03 \times 0.05 =$ □

□ ③ $511 \div$ □ $= 21$ 余り 7

□ ④ $\frac{4}{5} - \frac{3}{4} + \frac{5}{6} - \frac{1}{3} =$ □

□ ⑤ 2 時間 28 分 50 秒 × 8 = □

⑥ 底面の半径が 10cmの円柱の体積が 4710cm³のとき，この円柱の高さは □ cmです。（円周率は 3.14 とします。）

□ ⑦ 35 は，140 の □ %です。

⑧ 空気中を伝わる音の速さは 1 秒間に約 340 m です。時速1260kmのジェット機と比べると， □ のほうが速いです。

じゅくご

第三十五回　〈かかった時間　分〉

□ (一) この本の著者(ちょしゃ)のリャクレキを知りたい。

□ (二) 一年前につぶれたあの店がフッカツするそうだ。

□ (三) 彼(かれ)は記録のゲンカイに挑戦(ちょうせん)している。

□ (四) 一人の男が大勢の人間にあれこれサシズしていた。

□ (五) あの人のセイカクは、温かみがあっていいね。

□ (六) 休日にはゾウキバヤシの中をよく散歩した。

□ (七) 人生のイギを考えてみようではないか。

□ (八) 彼女(かのじょ)は長年のコウセキにより表彰(ひょうしょう)された。

□ (九) 何をやるにもヨウリョウというものがある。

□ (十) 教員をめざしてサイヨウ試験を受ける。

計算 第36回 〈かかった時間＿＿＿分〉

□ ① $48 - 2 \times (36 \div 4 - 2 \times 2) = \square$

□ ② $30.24 - 6.78 - 10.64 = \square$

□ ③ $\square + \frac{3}{5} = 0.2 \times 5$

□ ④ $14 \div 5\frac{1}{4} \times \frac{1}{6} = \square$

□ ⑤ 235.2 ÷ 13.8 の商を，整数の位まで求めたときの余りは □ です。

□ ⑥ □ を17でわったら，商が3になり余りが5になります。

□ ⑦ A は B の 80%です。このとき，B は A の □ %にあたります。

□ ⑧ 100 より大きく，150 より小さい整数の中に，3 の倍数は □ 個あります。

じゅくご

第三十六回　〈かかった時間　　分〉

□ (一) セイフは国民の信用を失っている。

□ (二) 猿(さる)のドウサはたしかに人間に似ているね。

□ (三) 外国とのボウエキはわが国にとって大切です。

□ (四) 半島の先たんにあるギョソンへ行ってみよう。

□ (五) この会社に三十年ザイショクしている。

□ (六) あたえられたニンムに全力をつくす。

□ (七) ボールで窓(まど)をわってしまいシャザイした。

□ (八) ゆりかごからハカバまで。

□ (九) ケイヒの節約に努めなければならない。

□ (十) 砂漠(さばく)の旅にはいくつかのシレンが待ちうけていた。

計算 第37回 〈かかった時間＿＿＿分〉

□ ① 660度＝□直角

□ ② $0.6 \div 0.07 \times (5 - 2.9) =$ □

□ ③ $\frac{1}{3} - \left(\square - \frac{1}{5} \right) = \frac{1}{4}$

□ ④ $23.4 \div 3.7 =$ □

（小数第2位を四捨（しゃ）五入して，小数第1位まで求めなさい。）

□ ⑤ 72cmあるひもを2つに切ったところ，一方は他方よりも14cm長くなりました。長いほうのひもの長さは□cmです。

□ ⑥ 秒速340mは分速□kmです。

□ ⑦ 12.8km²＝□ha＝□m²＝□a

□ ⑧ 150と60の最小公倍数と最大公約数の積は□です。

じゅくご

第三十七回　〈かかった時間　　分〉

□ (一) カンヨウクを使った文章を書いてみましょう。

□ (二) 心配していたが、アンガイうまくいった。

□ (三) 環境(かんきょう)にジュンノウしやすい性質を持っている。

□ (四) 毛筆コンクールのジュショウ式によばれた。

□ (五) 田中氏と山本さんはシテイの間がらだ。

□ (六) 母はデパートのフジン服売り場で働いている。

□ (七) 火災現場でキュウゴにあたる。

□ (八) その問題のカイケツはもうすぐだ。

□ (九) 成田はとても大きなクウコウです。

□ (十) オリンピックのサンカ国はどのくらいかな。

計算 **第38回** 〈かかった時間＿＿＿分〉

□ ① (4 × □ − 13) × 5 − 3 = 32

□ ② $\frac{4}{5}+\frac{3}{50}+\frac{7}{500}$を小数で表すと□です。

□ ③ $2\frac{7}{20}$ = □ × 2 + □ × 3 + 0.01 × 5

□ ④ 2.36 日 = □日□時間□分□秒

□ ⑤ 6 個 200 円の品物が 9 個 360 円になりました。□%の□（値(ね)上がり，または値下がり）です。

□ ⑥ 家から学校へ行くのに毎時 3㎞の速さで歩くと 20 分かかります。毎時 5㎞の速さで歩くと□分かかります。

□ ⑦ 1 から 20 までに素数は□個あります。

□ ⑧ 5%の食塩水□kgの中には，食塩が 100 g 入っています。

じゅくご

第三十八回 〈かかった時間　分〉

□ (一) 文章の主語とジュツゴをとらえよう。

□ (二) 心配していた母親のもとにマイゴがもどってきた。

□ (三) ここに記した要望は全員のソウイだ。

□ (四) 会場の前のほうは全部シテイセキだってさ。

□ (五) あの人の星についてのチシキはすごい。

□ (六) ペンギンがいるのがナンキョクだよね。

□ (七) 彼(かれ)は次々とギョウセキをあげ、社長となった。

□ (八) ぼくはブキヨウだから、オルガンが苦手だ。

□ (九) 国会がカイサンしたそうですね。

□ (十) 志望校に合格するハツユメを見た。

計算 第39回 〈かかった時間＿＿＿分〉

□ ① $(24 \div \square + 9) \div 3 = 7$

□ ② $2.35 \times 0.4 = \square$

□ ③ $4\frac{2}{3} - 3\frac{1}{8} - \frac{5}{12} + 1\frac{1}{4} = \square$

□ ④ 360度 $\times \frac{360}{1200} = \square$ 度

□ ⑤ 百の位で四捨(しゃ)五入した結果２万になった整数のうちで，いちばん小さい数は □ です。

□ ⑥ 全校生徒 □ 人の８%が，かぜで欠席したので，出席生徒数は1104人です。

□ ⑦ １日に２分進む時計があります。３日と４時間では，□ 分 □ 秒進みます。

□ ⑧ ８でわっても，12でわっても，余りが５となるような数の中で，200にいちばん近い数は □ です。

じゅくご

第三十九回　〈かかった時間　　分〉

□ (一) 伝統工芸のフッコウのため力をつくす。

□ (二) 弟はサッカークラブにショゾクしている。

□ (三) 兄さんはいつもブショウひげをのばしている。

□ (四) 何か一つガッキがほしいので、ギターを買おう。

□ (五) 彼(かれ)は人のケハイを感じてふり返った。

□ (六) ここは缶(かん)づめのセイゾウ工場だ。

□ (七) 東京の上空にはたくさんのオンパが流れている。

□ (八) 気温のヘンカに気をつけよう。

□ (九) 賛成の人はキョシュをお願いします。

□ (十) この時計はハカクの値段(ねだん)で手に入れた。

計算 第40回 〈かかった時間＿＿＿分〉

□ ① $(24 \times 39 - 120) - (35 + 19 \times 35) = \square$

□ ② $4.5 \div 0.15 + 0.12 = \square$

□ ③ 1.5直角$+ 2\frac{1}{3}$直角$= \square$度

□ ④ $\left(2\frac{2}{3} + \frac{3}{5}\right) \div \frac{7}{15} = \square$

□ ⑤ $\frac{1}{3}, \frac{2}{\square}, \frac{\square}{9}, \frac{4}{\square}, \frac{\square}{15}, \frac{\square}{18}$

□ ⑥ 上底3cm，下底5cmで面積8cm²の台形の高さは，□cmです。

□ ⑦ 150円の2割(わり)4分は，□円の8割です。

□ ⑧ 長方形のたて，横の長さを，それぞれ4倍すれば，その面積はもとの面積の□倍になります。

第四十回

〈かかった時間　　分〉

□ (一) おそろしいハンザイから身を守ろう。

□ (二) バスのエイギョウ所で聞いてみたまえ。

□ (三) ヨーロッパへ旅立つシュショウとその一行。

□ (四) その細きんはニクガンでは見られない。

□ (五) 一年間のソンエキは黒字の計算だ。

□ (六) ギノウ検定を受けて整備士になる。

□ (七) 決められたキソクはきちんと守りなさい。

□ (八) 観光地のケシキをカメラで写す。

□ (九) 明日は身体ケンサがあります。

□ (十) ロばかりでなくジッサイにやってごらん。

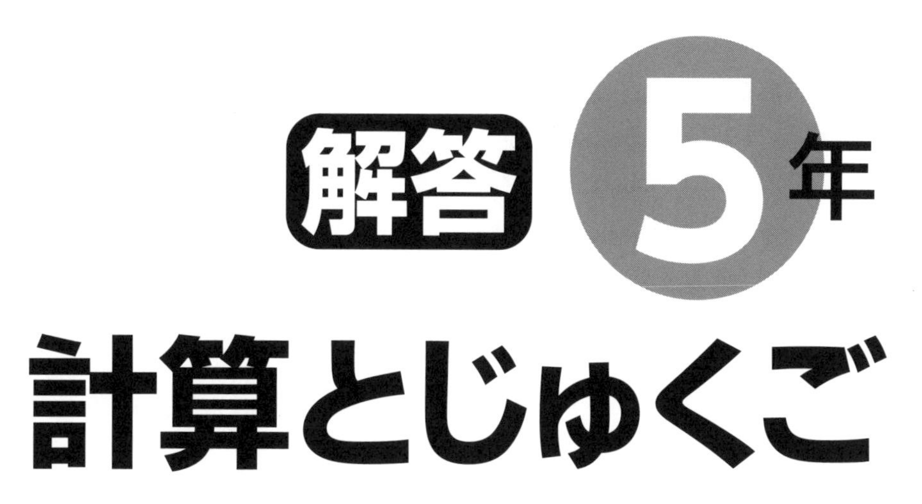
解答
5年
計算とじゅくご
改訂新版

NICHINOKEN
BOOKS

計算

じゅくご

第1回

①4億
②0.9
③4，6，2
④5，100
⑤$1\frac{1}{2}$
⑥9時間36分
⑦37
⑧10

第一回

(一)典型
(二)観測
(三)住居
(四)構造
(五)信念
(六)夢中
(七)原則
(八)周囲
(九)作成
(十)素足

第2回

①20
②4.75
③18
④2時間42分
⑤28
⑥50
⑦5
⑧A

第二回

(一)功名
(二)紀行
(三)国際
(四)喜色
(五)漁業
(六)救助
(七)永遠
(八)綿毛
(九)重要
(十)告発

第3回

①3000
②1，1
③$2\frac{17}{60}$
④108
⑤1，2，3，4，6，8，12，24
⑥18，36，54，72
⑦0.9
⑧44.8

第三回

(一)勝敗
(二)観光
(三)導入
(四)防犯
(五)採集
(六)過去
(七)布地
(八)遊説
(九)類似
(十)絶望

第4回

①4，2，9，3
②4，20
③$\frac{1}{16}$
④$6\frac{1}{9}$
⑤280
⑥5
⑦$\frac{15}{28}$
⑧131

第四回

(一)説明
(二)日和
(三)容積
(四)肥料
(五)判断
(六)殺人
(七)児童
(八)青果
(九)航海
(十)調節

計算

第5回

①75

②1.4285 余り 0.00005

③96　④9

⑤108　⑥2，4

⑦$\frac{20}{32}$　⑧94

第6回

①3000　②6

③2，6，4　④3

⑤576　⑥7.5

⑦25　⑧10

第7回

①12.5　②4

③8000　④6

⑤15日3時間12分

⑥3500　⑦48

⑧120，5

第8回

①12　②460

③$\frac{1}{2}$　④10

⑤23，0.0023，2.3

⑥$\frac{1}{5}$　⑦1000000

⑧17.5

じゅくご

第五回

(一)感覚
(二)事件
(三)武士
(四)河川
(五)再会
(六)提案
(七)目印
(八)元祖
(九)現実
(十)消防団

第六回

(一)勝負
(二)伝統
(三)歯車
(四)便利
(五)漁師
(六)岸辺
(七)安静
(八)歴史
(九)制服
(十)入賞

第七回

(一)家屋
(二)貯水
(三)有無
(四)努力
(五)満足
(六)回転
(七)講演
(八)水害
(九)停車
(十)対象

第八回

(一)得体
(二)消毒
(三)幹線
(四)芸術
(五)好評
(六)平素
(七)比例
(八)感情
(九)主張
(十)集会

計算

じゅくご

第9回

① 3600　② 62.8
③ $1\frac{9}{20}$　④ 6時間5秒
⑤ 300　⑥ 2
⑦ 16
⑧ $\frac{41}{60}$，$\frac{43}{60}$，$\frac{47}{60}$，$\frac{49}{60}$，$\frac{53}{60}$

第九回

(一) 血液型
(二) 費用
(三) 世間
(四) 率直
(五) 粉末
(六) 野菜
(七) 遊牧
(八) 山脈
(九) 設備
(十) 高額

第10回

① 4600　② 250
③ $3\frac{7}{8}$　④ 1
⑤ 7730　⑥ 台形
⑦ $2\frac{2}{3}$，$5\frac{1}{3}$，$10\frac{2}{3}$
⑧ 47.5

第十回

(一) 追放
(二) 史上
(三) 仮病
(四) 豊作
(五) 粉雪
(六) 競争
(七) 準備
(八) 気圧
(九) 小児
(十) 絶版

第11回

① 26　② 734
③ 0.0753　④ $\frac{37}{60}$
⑤ $3\frac{1}{5}$　⑥ 1.5
⑦ 11　⑧ $5\frac{1}{4}$

第十一回

(一) 賛成
(二) 厚着
(三) 機会
(四) 衛星
(五) 素直
(六) 苦手
(七) 墓前
(八) 増減
(九) 精神
(十) 序章

第12回

① 18　② 3
③ $1\frac{1}{9}$　④ $1\frac{5}{12}$
⑤ 8時間11分21秒
⑥ 12.5　⑦ 2440
⑧ 314

第十二回

(一) 暴風雨
(二) 対応
(三) 必要
(四) 理性
(五) 移民
(六) 公務員
(七) 勢力
(八) 報告
(九) 幸福
(十) 白夜

計算

第13回

① 3　② 250

③ $10\frac{1}{8}$　④ 15

⑤ 798　⑥ 9

⑦ 396

⑧ 13.40 以上 13.50 未満

第14回

① 7　② 50

③ 700　④ $27\frac{5}{6}$

⑤ 60　⑥ $\frac{13}{16}$

⑦ 330　⑧ 16

第15回

① 5　② 87.292

③ $4\frac{3}{20}$　④ 1 時間 10 分 50 秒

⑤ 4.8　⑥ 3

⑦ $\frac{1}{3}$, 0.33, $\frac{8}{25}$　⑧ 60

第16回

① 33　② 3.18

③ 31.4　④ 13000

⑤ 七十三億八千十二万五千四百二十二

⑥ 0.3　⑦ 2.2

⑧ 1.37

じゅくご

第十三回

(一) 生地　(二) 目録　(三) 雑音　(四) 長居　(五) 達成　(六) 農耕　(七) 例外　(八) 統計　(九) 手術　(十) 特有

第十四回

(一) 衛生　(二) 悲観　(三) 経過　(四) 枝豆　(五) 千代紙　(六) 保険　(七) 税金　(八) 徒歩　(九) 引率　(十) 想像

第十五回

(一) 証明　(二) 修学　(三) 組織　(四) 八百屋　(五) 禁止　(六) 成績　(七) 非力　(八) 可能　(九) 貧弱　(十) 登山

第十六回

(一) 調査　(二) 複雑　(三) 心底　(四) 湯気　(五) 議事堂　(六) 未開　(七) 関係　(八) 個性　(九) 相談　(十) 義理

計算

第17回

①21

②3.165以上3.175未満

③$\frac{9}{22}$　④100

⑤150　⑥5050

⑦1950　⑧168

第18回

①5　②2.88

③$\frac{5}{8}$　④$(a+b+c)\div3$

⑤0.7 $\left(\frac{7}{10}\right)$　⑥0.35

⑦47　⑧62.5

第19回

①2100　②4

③0.95　④12

⑤$\frac{6}{35}$　⑥0.001

⑦5月2日　⑧12.5

第20回

①77　②2160

③4, 2　④5時間33分25秒

⑤11070　⑥800

⑦12時間8分　⑧9.2

じゅくご

第十七回

(一)市街　(二)敗北　(三)区画　(四)測定　(五)仮説　(六)無礼　(七)新旧　(八)注文　(九)弁解　(十)整備

第十八回

(一)積雪　(二)都合　(三)快適　(四)飼育　(五)研究　(六)答案　(七)製作　(八)災害　(九)確証　(十)提示

第十九回

(一)倉庫　(二)貯金　(三)助言　(四)保管　(五)調理　(六)編成　(七)技術　(八)交差　(九)寄付　(十)能力

第二十回

(一)責任　(二)方法　(三)独学　(四)貸家　(五)内容　(六)留守　(七)静物　(八)荷物　(九)軽率　(十)対等

計算

第21回

① 2　② $\frac{8}{15}$

③ $\frac{1}{9}$　④ 1，2

⑤ 0.6　⑥ 3

⑦ 12.5　⑧ 8

第22回

① 12　② 15.1

③ $\frac{11}{12}$　④ $\frac{2}{5}$

⑤ 517　⑥ 4

⑦ 920　⑧ 20

第23回

① 456000　② 6818.15

③ 7時間12分　④ $\frac{3}{10}$

⑤ 625

⑥ $\frac{7}{8}$　⑦ 8

⑧ 95

第24回

① 0.4 $\left(\frac{2}{5}\right)$　② 0.101

③ $\frac{13}{45}$　④ 0.728

⑤ 410　⑥ 105

⑦ 9時間45分　⑧ 80

じゅくご

第二十一回

㈠ 航空機　㈡ 先祖　㈢ 適応　㈣ 標準　㈤ 確信　㈥ 燃料　㈦ 混迷　㈧ 高価　㈨ 政治　㈩ 事故

第二十二回

㈠ 悲喜　㈡ 型紙　㈢ 最期　㈣ 現象　㈤ 省略　㈥ 自信　㈦ 銅賞　㈧ 綿花　㈨ 刊行　㈩ 目標

第二十三回

㈠ 差別　㈡ 風紀　㈢ 調停　㈣ 情勢　㈤ 配達　㈥ 容態（体）　㈦ 一切　㈧ 志願　㈨ 報道　㈩ 軽重

第二十四回

㈠ 慣習　㈡ 効果　㈢ 全快　㈣ 輸出　㈤ 格言　㈥ 保健　㈦ 逆境　㈧ 不幸　㈨ 永久　㈩ 余生

計算

じゅくご

第25回

①105　②800

③$98\frac{1}{3}$　④2

⑤1.2345 $\left(1\frac{2345}{10000}\right)$

⑥8　⑦27

⑧30

第二十五回

(一)戦争　(二)平易　(三)五輪　(四)利益　(五)許可　(六)残念　(七)明暗　(八)平均　(九)比率　(十)歩調

第26回

①5　②1375.2

③$\frac{5}{13}$　④$1\frac{2}{3}$

⑤2　⑥$\frac{2}{3}$

⑦176以上184以下

⑧35

第二十六回

(一)辞典　(二)判定　(三)興味　(四)職業　(五)包囲　(六)空似　(七)構想　(八)毛織物　(九)自重　(十)清潔

第27回

①39　②14

③$1\frac{4}{15}$　④$\frac{10}{27}$

⑤4　⑥45

⑦大11，小9　⑧139.3

第二十七回

(一)条件　(二)成功　(三)的確　(四)故意　(五)期待　(六)肥満　(七)経営　(八)出版　(九)旅路　(十)領土

第28回

①17　②365

③30　④2610

⑤$\frac{17}{16}$　⑥3

⑦130　⑧2

第二十八回

(一)団体　(二)厚生　(三)個室　(四)基準　(五)接続　(六)前兆　(七)設計　(八)保護　(九)便乗　(十)印象

計算

第29回

① 76959　② 2.746

③ $\frac{1}{10}$　④ 120

⑤ $1+(2\times3\times4+5+6)\div7+8-9$

$1+2\times3\times4+5+6\div(7+8-9)$

⑥ 23時間57分　⑦ 14.13

⑧ 9時12分

第30回

① $4\frac{32}{199}$　② 7.22

③ $\frac{3}{8}$　④ $\frac{1}{2}$

⑤ 10　⑥ 3.8

⑦ $2\frac{6}{7}$　⑧ $11\frac{1}{5}$

第31回

① 100　② 1.44

③ 4　④ $\frac{2}{5}$

⑤ 150　⑥ 24

⑦ 50

⑧ 3.5,　$\frac{10}{3}$,　3.01,　$3\frac{3}{4}$

第32回

① 22　② 2.56

③ 9　④ $3\frac{3}{4}$

⑤ 100　⑥ 24

⑦ 50　⑧ 10

じゅくご

第二十九回

(一) 出張　(二) 鉱石　(三) 協力　(四) 増税　(五) 不思議　(六) 往復　(七) 欠点　(八) 招待　(九) 祝日　(十) 反応

第三十回

(一) 混在　(二) 着実　(三) 標識　(四) 愛読　(五) 決心　(六) 未知　(七) 均質　(八) 再来年　(九) 菜種　(十) 右折

第三十一回

(一) 夫妻　(二) 過程　(三) 財布　(四) 平生　(五) 建築　(六) 独断　(七) 毒殺　(八) 豊富　(九) 仏像　(十) 原因

第三十二回

(一) 得意　(二) 部屋　(三) 講堂　(四) 資料　(五) 見境　(六) 点検　(七) 関心　(八) 持病　(九) 財産　(十) 合唱

計算

じゅくご

第 33 回

① 4
② 2.6
③ $\frac{4}{83}$，$\frac{3}{64}$，$\frac{2}{59}$
④ 33
⑤ 791.28
⑥ 20
⑦ 240
⑧ 18

第三十三回

(一) 葉桜
(二) 大漁
(三) 標高
(四) 炭酸
(五) 支持
(六) 指示
(七) 評判
(八) 演説
(九) 行事
(十) 絶対

第 34 回

① 13.4 $\left(13\frac{2}{5}\right)$
② 11.91
③ $\frac{5}{24}$
④ $1\frac{1}{12}$
⑤ 345
⑥ $\frac{4}{5}$，$\frac{5}{6}$
⑦ 29750
⑧ 175000以上185000未満

第三十四回

(一) 常識
(二) 製品
(三) 情報
(四) 電灯
(五) 状態
(六) 保留
(七) 完成
(八) 減少
(九) 素質
(十) 校舎

第 35 回

① 1
② 0.0003
③ 24
④ $\frac{11}{20}$
⑤ 19 時間 50 分 40 秒
⑥ 15
⑦ 25
⑧ジェット機

第三十五回

(一) 略歴
(二) 復活
(三) 限界
(四) 指図
(五) 性格
(六) 雑木林
(七) 意義
(八) 功績
(九) 要領
(十) 採用

第 36 回

① 38
② 12.82
③ $\frac{2}{5}$
④ $\frac{4}{9}$
⑤ 0.6
⑥ 56
⑦ 125
⑧ 16

第三十六回

(一) 政府
(二) 動作
(三) 貿易
(四) 漁村
(五) 在職
(六) 任務
(七) 謝罪
(八) 墓場
(九) 経費
(十) 試練

計算

37 回

$7\frac{1}{3}$

18　③ $\frac{17}{60}$

6.3　⑤ 43

20.4

1280, 12800000, 128000

9000

38 回

5　② 0.874

1, 0.1

2 日 8 時間 38 分 24 秒

20%の値(ね)上がり　⑥ 12

8　⑧ 2

39 回

2　② 0.94

$2\frac{3}{8}$　④ 108

19500　⑥ 1200

6 分 20 秒　⑧ 197

40 回

116　② 30.12

345　④ 7

6, 3, 12, 5, 6

2　⑦ 45

16

じゅくご

第三十七回

(一) 慣用句
(二) 案外
(三) 順応
(四) 授賞
(五) 師弟
(六) 婦人
(七) 救護
(八) 解決
(九) 空港
(十) 参加

第三十八回

(一) 述語
(二) 迷子
(三) 総意
(四) 指定席
(五) 知識
(六) 南極
(七) 業績
(八) 不(無)器用
(九) 解散
(十) 初夢

第三十九回

(一) 復興
(二) 所属
(三) 無精(不精)
(四) 楽器
(五) 気配
(六) 製造
(七) 音波
(八) 変化
(九) 挙手
(十) 破格

第四十回

(一) 犯罪
(二) 営業
(三) 首相
(四) 肉眼
(五) 損益
(六) 技能
(七) 規則
(八) 景色
(九) 検査
(十) 実際

日能研
ブックス